看，大飞

王懿墨　屠正阳◎著　东干兔兔　胡佳宁◎绘

嗡 嗡 嗡……

看，一只威风的"钢铁巨鸟"
正缓缓地滑向跑道。

北京科学技术出版社

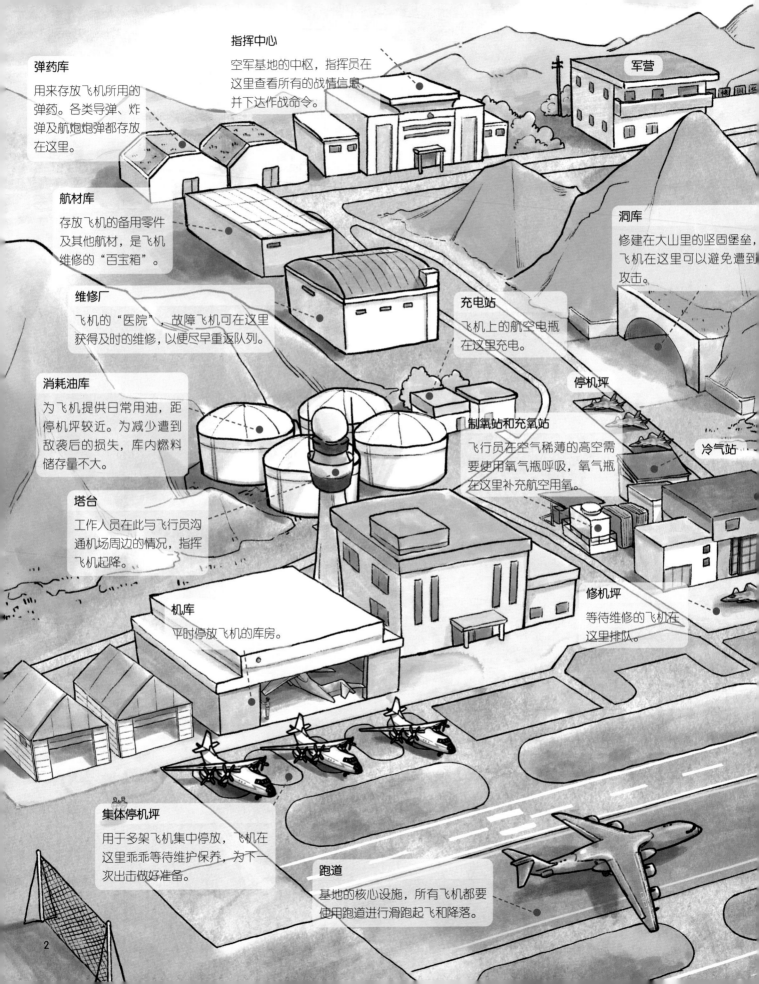

弹药库

用来存放飞机所用的弹药。各类导弹、炸弹及航炮炮弹都存放在这里。

指挥中心

空军基地的中枢，指挥员在这里查看所有的战情信息，并下达作战命令。

军营

航材库

存放飞机的备用零件及其他航材，是飞机维修的"百宝箱"。

洞库

修建在大山里的坚固堡垒，飞机在这里可以避免遭到攻击。

维修厂

飞机的"医院"，故障飞机可在这里获得及时的维修，以便尽早重返队列。

充电站

飞机上的航空电瓶在这里充电。

停机坪

消耗油库

为飞机提供日常用油，距停机坪较近。为减少遭到敌袭后的损失，库内燃料储存量不大。

制氧站和充氧站

飞行员在空气稀薄的高空需要使用氧气瓶呼吸，氧气瓶在这里补充航空用氧。

冷气站

塔台

工作人员在此与飞行员沟通机场周边的情况，指挥飞机起降。

修机坪

等待维修的飞机在这里排队。

机库

平时停放飞机的库房。

集体停机坪

用于多架飞机集中停放，飞机在这里乖乖等待维护保养，为下一次出击做好准备。

跑道

基地的核心设施，所有飞机都要使用跑道进行滑跑起飞和降落。

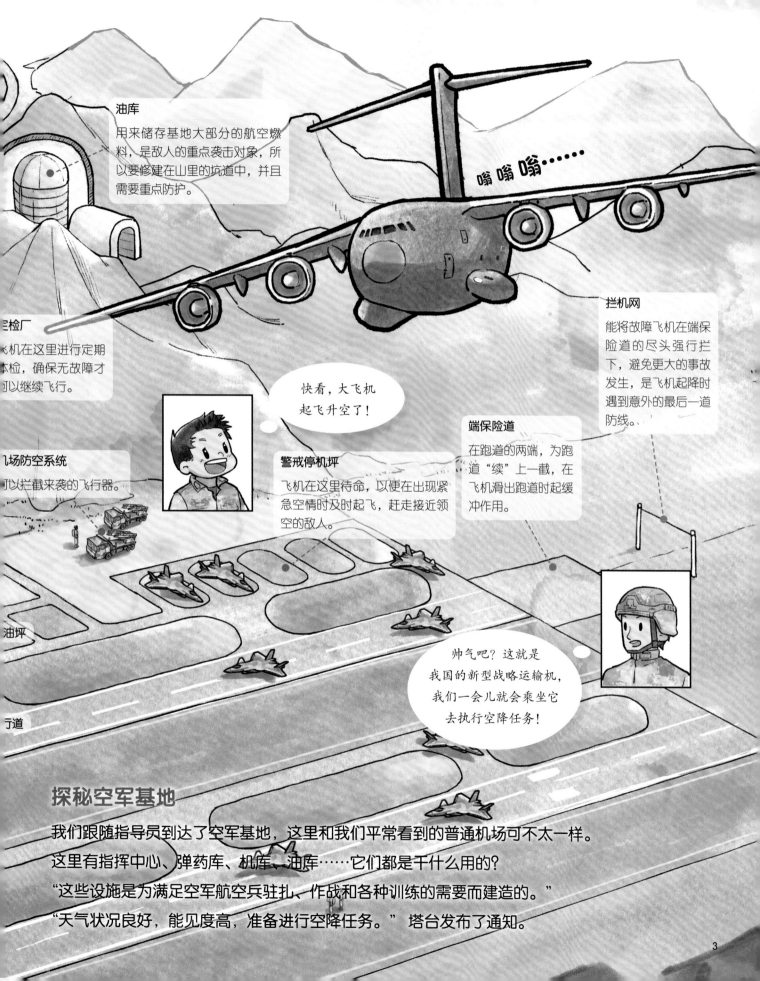

油库

用来储存基地大部分的航空燃料，是敌人的重点袭击对象，所以要修建在山里的坑道中，并且需要重点防护。

嗡嗡嗡……

拦机网

能将故障飞机在端保险道的尽头强行拦下，避免更大的事故发生，是飞机起降时遇到意外的最后一道防线。

三检厂

飞机在这里进行定期体检，确保无故障才可以继续飞行。

快看，大飞机起飞升空了！

端保险道

在跑道的两端，为跑道"续"上一截，在飞机滑出跑道时起缓冲作用。

机场防空系统

可以拦截来袭的飞行器。

警戒停机坪

飞机在这里待命，以便在出现紧急空情时及时起飞，赶走接近领空的敌人。

油坪

帅气吧？这就是我国的新型战略运输机，我们一会儿就会乘坐它去执行空降任务！

行道

探秘空军基地

我们跟随指导员到达了空军基地，这里和我们平常看到的普通机场可不太一样。

这里有指挥中心、弹药库、机库、油库……它们都是干什么用的？

"这些设施是为满足空军航空兵驻扎、作战和各种训练的需要而建造的。"

"天气状况良好，能见度高，准备进行空降任务。" 塔台发布了通知。

降落伞绝对不能
随意丢在一边，
必须叠好统一保管。

能 打 胜

确认任务

执行任务前，指挥员要与每个士兵确认任务细节，包括时间、地点、目标等，同时针对可能发生的意外做好充足的预案，确保所有人高效准确地完成任务。

叠伞

空降兵必备技能，关乎生命安全，所以须在专人监督下进行。有时需要两人协同完成。

中国空降兵"铁"的规定

无论是将军还是士兵，所有跳伞人员必须亲自叠好自己的降落伞，旁人不得代劳。

自己的生命安全自己负责。

因此，这一规定既保证了空降兵全体官兵的安全，又体现了空降兵一丝不苟的工作作风。

做好准备才能出发

指导员带我来到了准备室，
士兵们正在这里认真地穿戴作训服、检查降落伞包，
机长正在和机组人员讨论任务内容。
这些工作看似日常，但非常重要。
只有做好准备工作，才能够确保顺利完成任务。

> 一般情况下，运输机执行任务时，会由战斗机编队进行护航。

> 指导员，我们执行任务时遇到敌人袭击怎么办？会有战斗机保护我们吗？

穿戴装具

跳伞人员出发前需要整理好伞兵行具，包括主伞包及胸前的备用伞。主伞包的一侧挂有装入专用枪套的自动步枪，人员跳伞时可在空中取出射击。

模拟协同演练

护航战斗机的飞行员在出击前，会使用模型把在空中可能遇到的战况都预先模拟一遍，并提前制订应对措施，只有这样在激烈的空战中才能游刃有余。

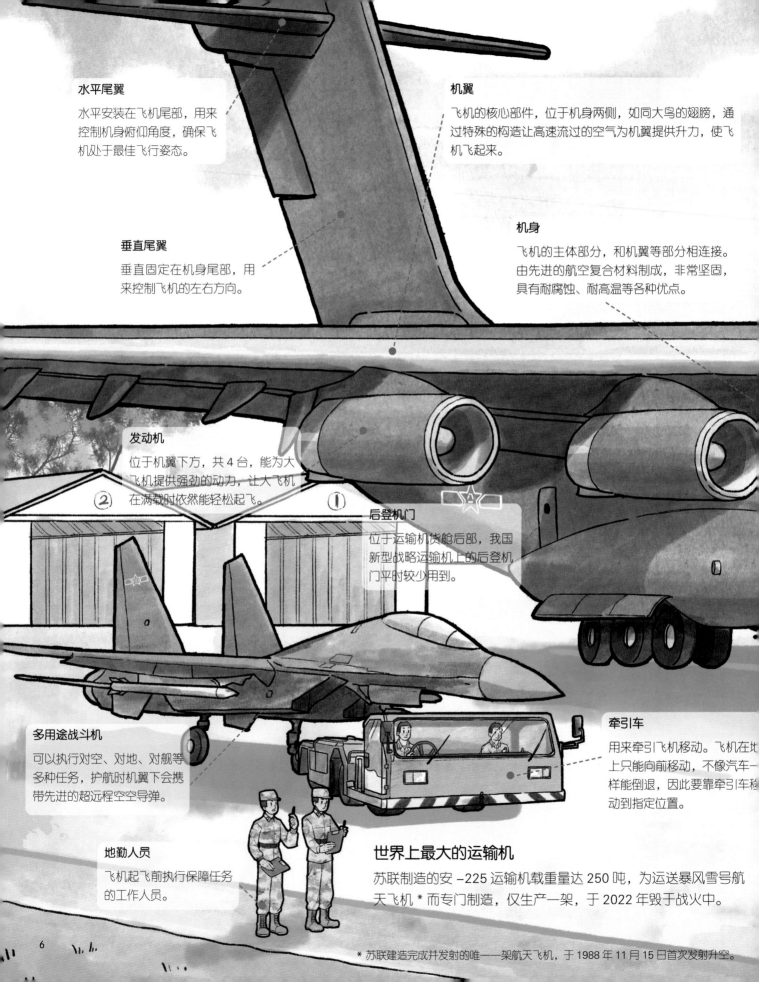

水平尾翼
水平安装在飞机尾部，用来控制机身俯仰角度，确保飞机处于最佳飞行姿态。

机翼
飞机的核心部件，位于机身两侧，如同大鸟的翅膀，通过特殊的构造让高速流过的空气为机翼提供升力，使飞机飞起来。

垂直尾翼
垂直固定在机身尾部，用来控制飞机的左右方向。

机身
飞机的主体部分，和机翼等部分相连接。由先进的航空复合材料制成，非常坚固，具有耐腐蚀、耐高温等各种优点。

发动机
位于机翼下方，共4台，能为大飞机提供强劲的动力，让大飞机在满载时依然能轻松起飞。

后登机门
位于运输机货舱后部，我国新型战略运输机上的后登机门平时较少用到。

多用途战斗机
可以执行对空、对地、对舰等多种任务，护航时机翼下会携带先进的超远程空空导弹。

牵引车
用来牵引飞机移动。飞机在地上只能向前移动，不像汽车一样能倒退，因此要靠牵引车移动到指定位置。

地勤人员
飞机起飞前执行保障任务的工作人员。

世界上最大的运输机

苏联制造的安–225运输机载重量达250吨，为运送暴风雪号航天飞机*而专门制造，仅生产一架，于2022年毁于战火中。

6 苏联建造完成并发射的唯一一架航天飞机，于1988年11月15日首次发射升空。

看，大飞机！

机场里的地勤人员正在热火朝天地进行整备工作。

参与护航的多用途战斗机已挂好了导弹，随时都能投入战斗。

只见战略运输机沿着滑行道缓缓滑出……

重型隐形战斗机

外形经过特殊设计，机身涂有可吸收雷达波的隐身涂料，让敌方雷达难以探测，来无影去无踪。载有最先进的各类武器，是祖国天空最强的守护者。

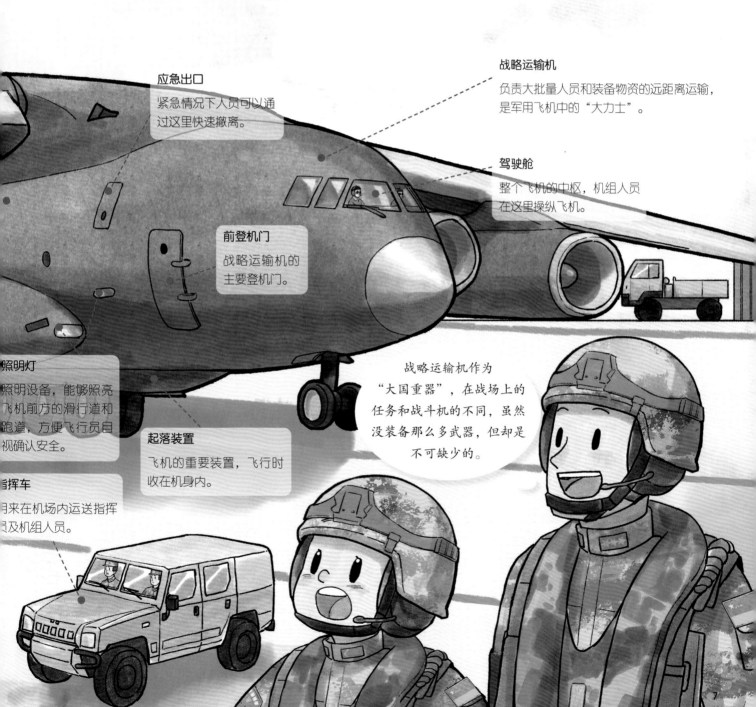

应急出口
紧急情况下人员可以通过这里快速撤离。

战略运输机
负责大批量人员和装备物资的远距离运输，是军用飞机中的"大力士"。

驾驶舱
整个飞机的中枢，机组人员在这里操纵飞机。

前登机门
战略运输机的主要登机门。

照明灯
照明设备，能够照亮飞机前方的滑行道和跑道，方便飞行员目视确认安全。

指挥车
用来在机场内运送指挥员及机组人员。

起落装置
飞机的重要装置，飞行时收在机身内。

战略运输机作为"大国重器"，在战场上的任务和战斗机的不同，虽然没装备那么多武器，但却是不可缺少的。

7

上单翼
机翼位于机身顶部的布局形式。有时设计成横穿机身的形式，会占据一定的货舱空间。

战略运输机支援武汉抗击疫情
2020年2月13日，中国空军出动11架运输机向武汉紧急运送近1000名军医和74吨医疗物资。这11架运输机从全国7个不同的地方起飞，在同一时间抵达武汉，依次降落，其中包括最新国产战略运输机。

下单翼
机翼位于机身下部的布局形式，大多数客机都采用这一布局形式。

内部照明设备
用于货舱内部照明。

悬臂式上单翼
安装在机身上方的机翼，可以避免运输机的发动机吸入跑道上的沙石等杂物，同时使机身更靠近地面，方便装卸各种重型装备。

重装运输
战略运输机除执行空投任务外，还可以运输坦克、履带式装甲车、雷达车等重型装备。有时战略运输机的运载能力可以决定一场战争的胜负。

装载空降部队和物资
重型装备通过尾舱门的跳板进出货舱，人员则通过登机门和尾舱门快速登机。

世界主要大型运输机对比

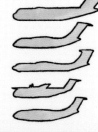

型号	最大起飞重量	最大载重量	航程
美国 C-17 运输机	265 吨	78 吨	11600 千米
中国新型战略运输机	大于 200 吨	大于 50 吨	大于 7800 千米
俄罗斯伊尔 -76 运输机	170 吨	50 吨	7800 千米
欧洲 A-400M 运输机	141 吨	38 吨	9300 千米
日本 C-2 运输机	140 吨	37 吨	10950 千米

全体注意，列队登机！

没有空乘人员，也不必出示登机牌和身份证，战略运输机迎来了一批特殊的"乘客"。

他们就是经历了严格的训练，拥有精湛作战技能的"蓝天利剑"——空降兵！

这些空降兵精神饱满、全副武装，他们在尾舱门前整齐列队，有序地登上了飞机。

货舱

内部宽大，可装载人员、物资及重型车辆等，甚至可以加装隔板形成上下两层隔舱，在这种情况下单架运输机就可以运送 200 余名士兵。

那是空降兵专用的坦克和步兵战车，除了跳伞，我们还要完成重型装备的空投。

那边的坦克和装甲车也登上飞机了。

驾驶舱大揭秘

这里是战略运输机的驾驶舱，
机组成员正在仔细检查机内设备的运转情况，
他们面前是显示屏、仪表和密密麻麻的按钮……

发动机控制板
位于驾驶舱天花板，用来控制发动机，上面有各种按键和旋钮。

发动机显示和机组告警系统
简称 EICAS，位于机长一侧的显示屏，实时显示飞机飞行时的多组关键数据，如发动机转速、温度及剩余油量等。

机长

一切正常，我已准备就绪，请求起飞！

按照流程进行检查，我们经历过多次训练，不必慌张。

驾驶席
机长的座席在左侧；副驾驶的座席在右侧；第三座飞行员的座席在后排。

第三座飞行员

导航显示器

显示导航信息和卫星地图。

主飞行显示器

显示飞机速度、高度、航向等重要飞行信息，还可以显示飞机的姿态，比如刻度表位于蓝色区域时，说明飞机正在爬升。

平视显示器

将主要的飞行信息投射到驾驶员正前方的一块特制透明玻璃上。在大飞机上，平视显示器主要用于辅助驾驶员手动着陆。

副驾驶

通信设备

包括耳机和话筒，耳机有隔离噪声的功能，确保飞行员之间或飞行员与地面塔台的沟通清晰。

油门杆

控制飞机发动机的操作装置。向前推动，飞机加速；向后拉动，飞机减速。

念单

飞机起飞前的必备程序，机组乘员对照检查单对各处细节进行复查。

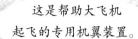

这是帮助大飞机
起飞的专用机翼装置。

三缝襟翼

能增加升力，使战略运输机低速飞
行。还能大大缩短战略运输机起飞
时的滑跑距离，让它更快、更稳地
起飞，就算遇到跑道部分受损的情
况，也能顺利起降。

大飞机起飞了！

随着发动机轰鸣，
战略运输机开始滑行并逐渐提速。
大鹏展翅，一飞冲天！

涡轮风扇发动机

简称涡扇发动机，由风扇向
后喷出的压缩空气和高温燃
气共同产生推力的发动机。
油耗低，推力大，能让飞机
速度更快，飞得更远。

战略运输机起飞时，
机翼后部为什么有个
会伸出来的装置？

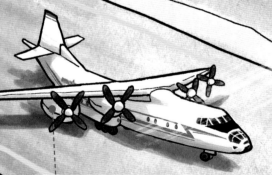

涡轮螺旋桨发动机

简称涡桨发动机，由高温燃气推动涡轮高速旋转，再带动螺旋桨转动产生推力，
在飞机低速飞行时比涡扇发动机更省油。适合速度慢但要求一定航程的大飞机，
比如预警机、反潜巡逻机等。

六面式风挡

由特殊材料制成，有好几层。不仅非常坚固，不怕鸟撞击，还能有效抵挡风压。采用流线型设计，可减少机头受到的空气阻力。

起落架的作用

起落架看似不起眼，对战略运输机却非常重要。战略运输机个头大，着陆时机身受到的冲击力比起飞时大很多。起落架能在飞机着陆时撑起飞机，非常坚固，在战略运输机起飞后会自动收起。

加油机为何能平稳飞行？

体形庞大的加油机为什么能飞得又快又稳？答案就在其特殊的机翼上。加油机的特制机翼叫作超临界机翼。比起普通的机翼，超临界机翼前缘更钝圆，上表面更平滑，气流流过时会更平缓，采用了超临界机翼的飞机自然也就更稳，这就和汽车在更平整的路面上行驶得更稳一样。

空中加油机

机身内部装载了大量航空燃料，能在空中为装有受油装置的飞机补充燃料，通常由运输机或大型客机改装而成。

传统机翼

气流流速变化明显

上表面有弧度

超临界机翼

气流平缓

上表面平滑

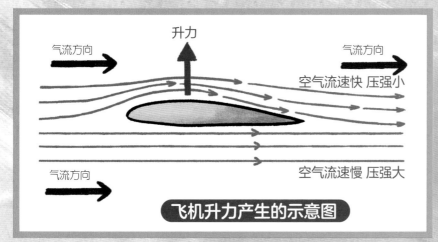

升力

气流方向

空气流速快 压强小

气流方向

气流方向

空气流速慢 压强大

飞机升力产生的示意图

飞机为什么能飞起来？

1738 年，瑞士数学家丹尼尔·伯努利总结出伯努利定理，即空气的流速越快，压强越小；反之越大。

飞机的机翼上表面弯曲，下表面较平，导致机翼上下表面气流流速不同，压强大小不同。上下表面的压强差使机翼获得巨大的升力。当升力大于飞机自重时，飞机就能飞上天空。

空中补给站——加油机

编队中的战斗机驾驶舱内响起了警报：燃料不足了！

战斗机飞行员在通信频道中呼叫：

"我机燃料不足，请求空中加油！"

在飞机进行长时间飞行时，这种情况时有发生。

不必慌张，看，我们的空中补给站——加油机，登场了！

硬管加油

加油管一般位于加油机的腹部，是类似自来水管一样的硬管，硬管加油的优点是受油机飞行员无须自己去寻找加油管，只需调整受油机的姿态，由加油机上的操作员控制硬管与飞机的受油口对接；缺点是一次只能为一架飞机加油。

软管加油

加油管一般位于机翼两侧下方的软管加油吊舱，执行加油作业时向后伸出，由受油机飞行员控制飞机与加油管完成对接。这种加油方式的优点是一架加油机可以同时为两到三架飞机补充燃料；缺点是对飞行员的驾驶技术要求更高，且有一定的风险。

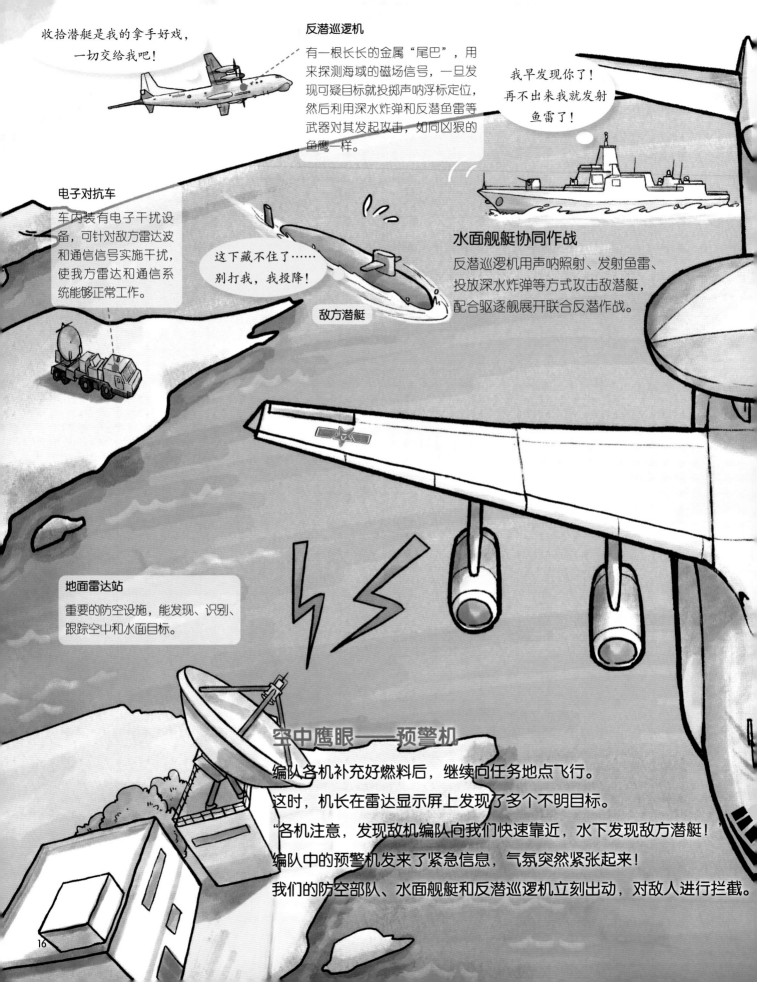

收拾潜艇是我的拿手好戏，一切交给我吧！

反潜巡逻机

有一根长长的金属"尾巴"，用来探测海域的磁场信号，一旦发现可疑目标就投掷声呐浮标定位，然后利用深水炸弹和反潜鱼雷等武器对其发起攻击，如同凶狠的鱼鹰一样。

我早发现你了！再不出来我就发射鱼雷了！

电子对抗车

车内装有电子干扰设备，可针对敌方雷达波和通信信号实施干扰，使我方雷达和通信系统能够正常工作。

这下藏不住了……别打我，我投降！

敌方潜艇

水面舰艇协同作战

反潜巡逻机用声呐照射、发射鱼雷、投放深水炸弹等方式攻击敌潜艇，配合驱逐舰展开联合反潜作战。

地面雷达站

重要的防空设施，能发现、识别、跟踪空中和水面目标。

空中鹰眼——预警机

编队各机补充好燃料后，继续向任务地点飞行。

这时，机长在雷达显示屏上发现了多个不明目标。

"各机注意，发现敌机编队向我们快速靠近，水下发现敌方潜艇！"

编队中的预警机发来了紧急信息，气氛突然紧张起来！

我们的防空部队、水面舰艇和反潜巡逻机立刻出动，对敌人进行拦截。

预警机的雷达有多厉害?

预警机的核心就是安装在机背上的巨大雷达,这种雷达可以发现方圆几百千米内的各种目标。

敌方战斗机

糟糕,我被锁定了!

已锁定敌机,随时准备发射!

空中预警指挥机

空中作战的信息中枢,通常由远程客机或运输机改装,机背上装有一个巨大的"圆盘",圆盘内装有远程预警雷达。这种雷达可以持续追踪数百个可疑目标,并将信息传递给战斗机、地面基地和海上的驱逐舰等。

防空导弹部队

装备防空导弹,主要执行地面防空作战任务。我国陆海空三军有各自的防空体系,但可以彼此协同作战。总体来说,海军和空军偏向于要地防空,陆军偏向于野战防空。

这么多敌人,我们怎么办?

别慌,我们的预警机已经锁定敌人,展开了海陆空全方位防御!

17

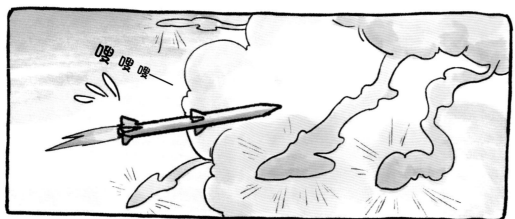

敌方的导弹仿佛中了什么魔法，突然失去了目标，像无头苍蝇一样乱飞乱撞，向错误的方向飞去。

电子战飞机

虽然外表普通，但装有各种先进的电子干扰和信号收集设备，可对敌人的雷达、通信设施、防空导弹等进行干扰，能让敌人的雷达"看"不见，导弹打不准。千万不要小瞧它。

刚才真危险啊！电子战飞机保护了我们，太了不起了！

大飞机紧急脱险！

一架漏网的敌机向我们发射了导弹！

千钧一发之际，编队中的电子战飞机来营救我们了！

"启动防御系统，各机准备规避！"机长下达了命令。

太好了，我们成功化解了危机！

电子战飞机启动防御系统，发射出闪着红光的"烟花"。这就是干扰弹，它可以引导敌人的导弹攻击错误的目标。

大飞机的往事

敌人诡计失败，灰溜溜地逃跑了，我们的编队继续飞往任务地点。

在飞行途中，指导员拿出了一本珍贵的相册，

"在这里面可以看见我国历代大飞机的样子！"

说罢，他翻开相册，给我们讲起了大飞机的往事。

哇，原来大飞机有一个大家族呀！

里-2 运输机
我国从苏联引进的双发运输机，20 世纪 50 年代成为我国军民用航空运输的主力机型。

运-8 运输机
四发中型涡桨运输机，曾是我国空军的主力运输机。我国在运-8 的基础上开始了特种飞机改装的探索，改装的飞机类型包括电子侦察机、预警机、电子干扰机、

运-7 运输机

我国第一种投入民航运营的国产运输机，它的民用型仍在迭代更新。由于个头较小，也曾被视为舰载预警机改装的蓝本。

运-9 运输机

在运-8的基础上对机身进行重新设计、换装新型发动机的中型运输机，目前已逐步取代运-8。

国产新型战略运输机

代号"鲲鹏"，是中国空军现役最大的军用飞机，它的出现也让我国正式成为极少数能自研大型战略运输机的国家之一。

降落伞挂钩

上面的绳子一端挂在机舱内的钢缆上，另一端连接在跳伞人员伞包的引导伞上。跳伞人员跳出机舱后，挂钩自动拉开引导伞。用这种方式跳伞能保证跳伞人员跃出机舱后主伞安全打开，同时控制跳伞人员跳出机舱的位置，避免部队降落地点太分散。

准备跳伞，冲冲冲！

不一会儿，我们到达了任务地点上空，
重型装备就位，空降兵开始沿着尾舱口整齐列队。
气密门和尾舱门缓缓打开，机舱内信号灯亮起。
"预备，跳！"指导员下达了跳伞命令，
空降兵毫不迟疑，一个接一个有序地跃出机舱。

先跳还是后跳看体重

人员跳伞的顺序是按体重由重到轻排列的，体重最重的人要最先跳，体重最轻的人要最后跳。每个人所用的降落伞都是一样的，但越重的人在空中下降得越快。如果后跳下去的人下降速度过快，在空中就容易发生踩伞、伞绳缠绕或相撞等事故，这是很危险的！

跳伞前一定要确保钩挂在钢缆上，这是关乎生命的大事！

舱内信号灯

有红、黄、绿三种颜色，用来向舱内的空降兵指示到达伞降区域、允许跳伞等信息。

必须掌握的技能

在空降兵部队中，无论是将军还是士兵，无论是男还是女，无论是技术人员还是医护人员，每个人都必须学会使用圆形伞和翼形伞在三种机型、多地形条件下的伞降作战本领。

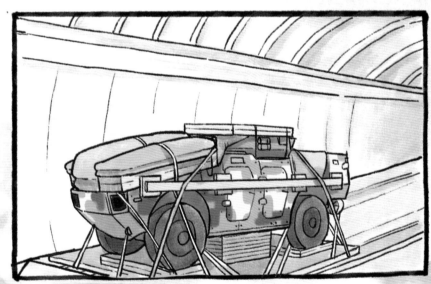

重装空投

重装空投一般用来空投伞兵战车和经过特殊包装的大型军用物资补给，如弹药、食物、重型单兵武器等。一支空降部队只有具备重装空投能力，才能让空降兵实现落地即开打，在短时间内最有效地发挥战斗力。

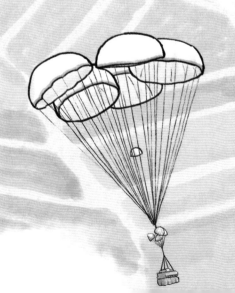

预警机

空降作战时，预警机需要保持对任务空域进行实时空情探测，防止敌人在空降兵刚刚着陆的时候发起空袭。

马上就要跳伞了，最后的安全检查一定不能忘！

雷神突击队

中国人民解放军空降兵军下属的特种作战部队，队员训练有素，装备精良，精通伞降、射击、格斗和特种侦察引导等技能，是空降兵中的精英。"雷神"象征着雷霆万钧、泰山压顶之势，体现了这支精英部队的作战特点。

冲向蓝天!

机舱广播响了,原来是指挥部发来了通知:"目前空域安全,各机打开舱门,开始跳伞,请迅速完成空降任务!"

全体注意,准备跳伞!

圆形伞

最常见的降落伞,操作简单,造价便宜。但无法在空中改变方向和速度,若半空中风向突变,则空降兵很容易偏离着陆位置。

我们会根据任务内容选择
合适的降落伞,因此熟练掌握多种
伞型的使用方法才能让我们发挥
最强的战斗力。

空降兵伞徽

红黄白色的伞衣顶，天蓝色的伞衣套，鲜明的"八一"，条条分明的伞绳，张开的金色翅膀……这些元素组成了空降兵的标志——伞徽。只有克服了各种困难，完成了跳伞任务的士兵才有资格佩戴它。

战术头盔

由特殊材料制成，具有防弹功能，安装有通话器、夜视仪等设备。

夜降标识灯

夜间跳伞时佩戴于头盔后方，便于空降兵互相确认位置，避免在空中相撞。

国旗 / 军旗臂章

贴在左臂外侧，一般代表所属军种的军旗；在执行海外任务的情况下会贴上我国国旗图案。

伞兵刀

空降兵必带装备，除了防身，紧急情况下也可用于割断伞绳。

空降利刃出击！

飞机的轰鸣声逐渐远去，我们的耳边只有呼呼的风声。
"别害怕，展开双臂，拥抱天空，
控制高度，拉开伞绳！"
指导员的声音从对讲机里传来。
空降兵纷纷打开降落伞飘在空中，
像是一朵朵白色的花。

护目镜
遮挡强风和沙尘，防止强光和激光照射，属于空降兵的标准战术装备。

主降落伞
空降兵伞降时使用，可以保护空降兵安全着陆。

伞兵靴
具有优良的缓冲功能，可以减轻空降兵着地瞬间脚部受到的冲击力。

顾不上欣赏风景了，快点儿赶往任务地点吧。

空降兵
中国人民解放军空降兵军，是我军的全天候应急机动作战部队，可以以机降、伞降等方式快速抵达敌军薄弱部位对其打击，打乱敌人的部署，是现代化立体战争中的重要角色。

备用伞
在主伞故障或无法打开的紧急情况下，空降兵会切断主伞，打开备用伞自救，备用伞是保护空降兵生命的最后一道防线。

训练有素的空降兵在着陆后能迅速收好降落伞，投入作战！

空降兵着陆即进入战斗状态，他们会先将伞迅速收好，从同步空投至战场的物资中取出单兵重武器，组合枪支，集结完毕后正式投入战斗。

突击步枪
空降兵的主要武器，跳伞时放在背囊中，这种枪是我军的制式步枪，拆装简便，重量轻，打得准。

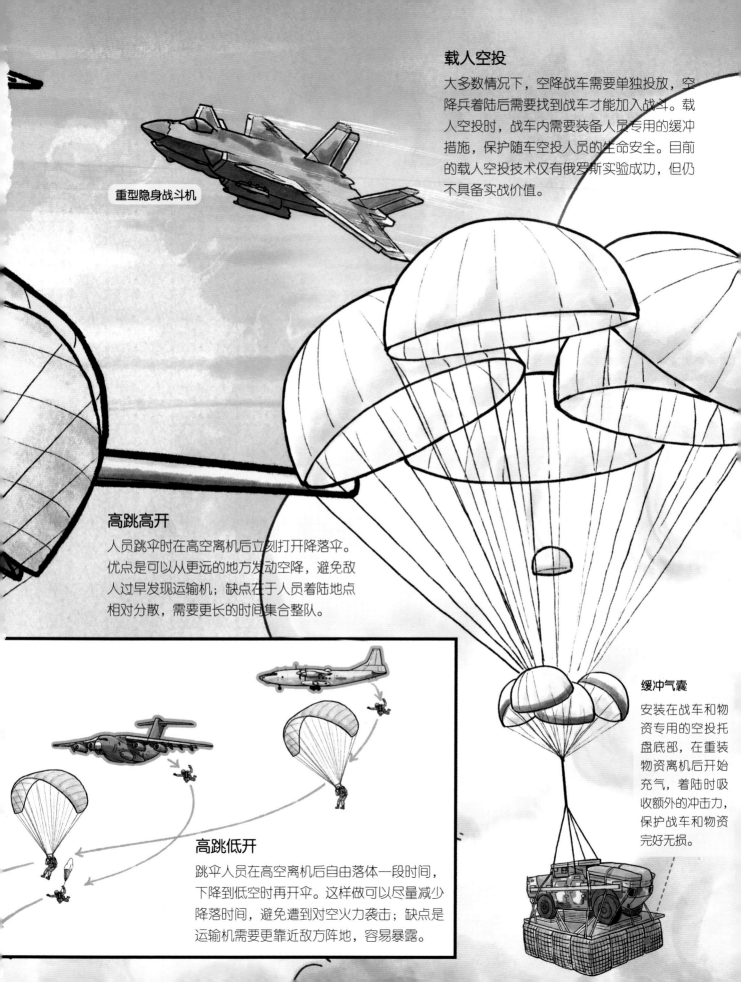

载人空投

大多数情况下，空降战车需要单独投放，空降兵着陆后需要找到战车才能加入战斗。载人空投时，战车内需要装备人员专用的缓冲措施，保护随车空投人员的生命安全。目前的载人空投技术仅有俄罗斯实验成功，但仍不具备实战价值。

重型隐身战斗机

高跳高开

人员跳伞时在高空离机后立刻打开降落伞。优点是可以从更远的地方发动空降，避免敌人过早发现运输机；缺点在于人员着陆地点相对分散，需要更长的时间集合整队。

缓冲气囊

安装在战车和物资专用的空投托盘底部，在重装物资离机后开始充气，着陆时吸收额外的冲击力，保护战车和物资完好无损。

高跳低开

跳伞人员在高空离机后自由落体一段时间，下降到低空时再开伞。这样做可以尽量减少降落时间，避免遭到对空火力袭击；缺点是运输机需要更靠近敌方阵地，容易暴露。

翼形滑翔伞

能在空中改变方向和速度，控制着陆点，因此跳伞人员可以使用它从更远的位置发起伞降。适用于特种部队作战，但需要经过严格的特殊训练才能使用。

重装空投不容易

由于物资和装备重量很大，重装空投需要专门的牵引系统、缓冲系统，还需要主伞分毫不差的配合。哪怕是主伞晚打开 1 秒，物资和装备的着陆地点也会和预期中的相差很远。

要找准方向，不然会偏离降落目标！

轰隆隆——

着陆，全体突击！

空降兵已安全着陆，战略运输机完成了任务，在轰鸣声中返航了。

空投的重型装备已准备就绪，武装直升机也赶来为我们提供空中支援。

"全体都有，向目标突击，发起进攻！"

指导员一声令下，空降兵一起向目标冲去。

武装直升机

为空降兵作战提供空中火力掩护，可挂载反坦克导弹和火箭弹发射巢，也可以挂载直升机专用的红外空空导弹。

轮式空降突击车

采用四轮越野底盘，能适应各种复杂地形，还可以涉水作战。车身上部的炮塔装有小口径机关炮和并列机枪，还配备各种红外侦察设备，适合掩护小股侦察部队。

空降步兵战车

空降兵专用的轻型履带式步兵战车，有一定的防护能力，主要武器有小口径机关炮和反坦克导弹。我国新型战略运输机一次可同时装载并空投3辆空降步兵战车。

"我是中国空军，你即将进入中国领空，立即离开，立即离开。"

这是中国飞行员对即将进入中国领空的外国飞机发出的警告。

2001年4月1日8时55分，美军一架侦察机侵犯我国南海上空，被我机警告后，仍然继续飞行。为捍卫祖国领空，我军飞行员王伟驾驶战机进行拦截，壮烈牺牲。

20年过去了，我们仍然记得一架编号为81192的战机和一名捍卫祖国领空的英雄——王伟。

那么小朋友们，你们知道什么是领空吗？

领空是指一个国家的领陆、内水和领海的上空，是一国领土的组成部分。我国的陆地面积为960万平方千米，内海和边海的水域面积约470万平方千米，我国的领空就是陆地再加上内海和边海水域的上空的总和。

每个国家都有自己的领空权，外国的飞机和其他航空器未经许可，不得在本国的领空飞行。

一个国家的领空由谁来保护呢？答案是空军。

空军是陆海空三军当中成立最晚的军种。第一次世界大战结束之后，许多国家认识到空军的重要性，纷纷成立了独立的空军，承担起国土防空、支援陆军和海军、实施空袭、进行空运和航空侦察等任务。

中国人民解放军空军于1949年11月11日建立，不仅承担了国土防空的任务，还承担着经略空天的任务，可以说是空天一体、攻防兼备。经过70多年的努力和建设，经过几代人的拼搏，中国空军的实力得到了飞速发展。近15年来我国空军装备逐渐由歼-6、歼-7、歼-8换装为歼-10、歼-16、歼-20等三代、四代新型战机。除此，大型运输机、空中预警机和大型加油机都有了快速发展，我国空军还构建了红旗-9、红旗-16、红旗-17防空导弹系统等，从而形成了难以突破的防御体系。

这套书的主角是中国的重要空军装备，包括战斗机、轰炸机和运输机等，以"小机长"参加空军演习任务为故事主线，将战斗机的装备原理及起降方式、轰炸机的作战样式、运输机的主要构造等专业难懂的知识，以及空军战士的工作和生活等场景，用孩子们易于理解和接受的方式，进行了生动翔实的说明。同时，这套书还为孩子们解答了有关空军装备的"十万个为什么"：战略运输机是什么？空降兵部队登机前都做哪些准备？战斗机都有哪些空中特技动作？轰炸机能飞多远，怎样攻击敌人？……

　　在进行知识科普的同时，书中还展现了中国空军的责任和担当，培养孩子们乐观奋进、勇于担当等优良品质。通过阅读这套书，小读者们能够了解大国重器的价值，全面了解我国空军的科技成就，从小树立远大理想，争做有本领、有担当的时代新人。

著名军事专家
中国人民解放军战略支援部队航天工程大学原副校长
陆军少将